U0159262
浪花朵朵
地理小侦探
神奇的栖息地
［英］阿妮塔·盖恩瑞　克里斯·奥克雷德　著
［智］保·摩根　绘　电鱼豆豆　译
海峡出版发行集团 | 海峡书局
证明完毕

你好，我是艾娃，
他是乔治。我们是地
理小侦探！
我们的目标是发现
地球上的一切自然奇观。
快来加入我们，和我们
一起探索吧！

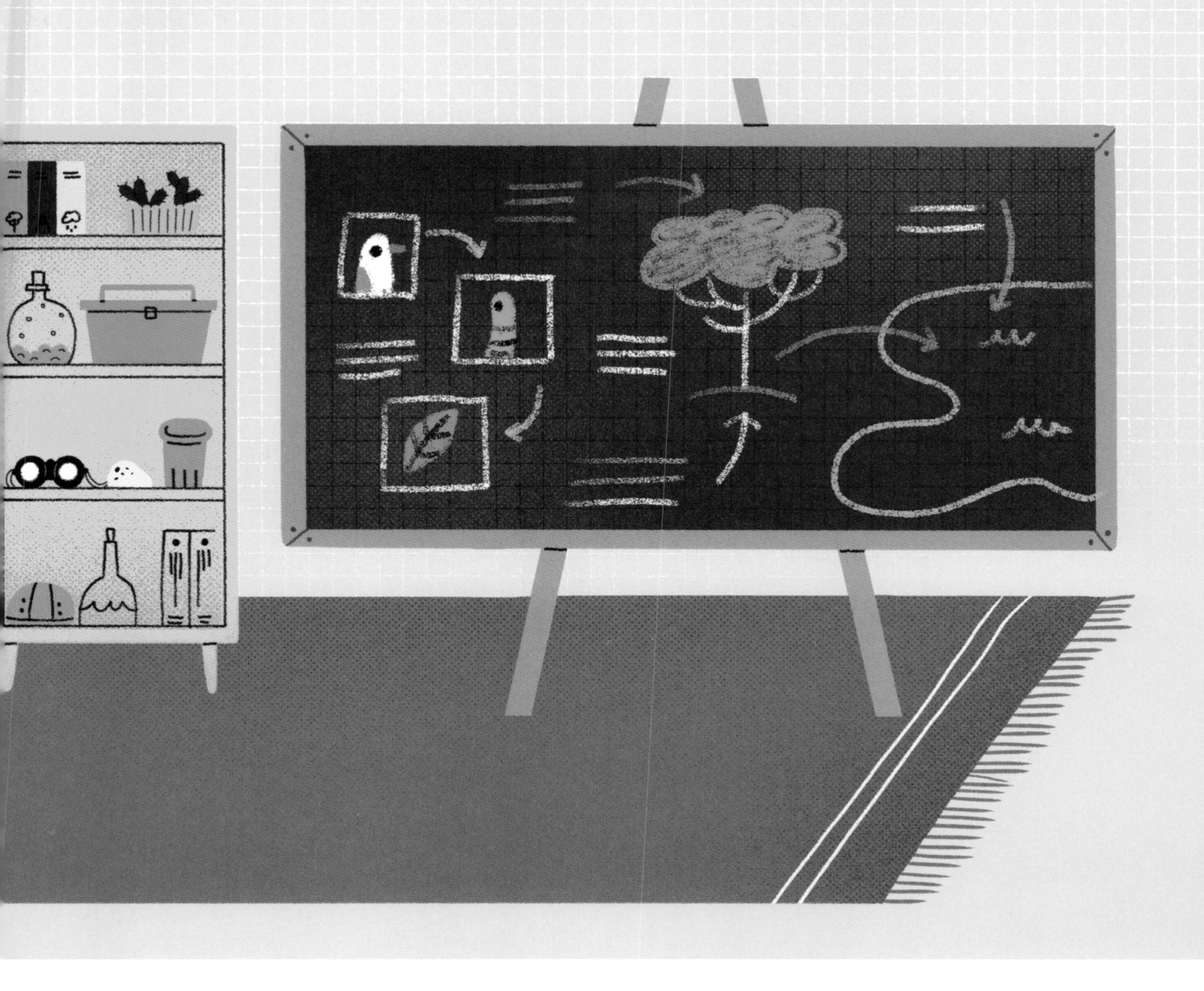

目录

家，温馨的家

加入艾娃和乔治，和他们一起寻找世界**栖息地**的线索吧。他们会运用高超的侦探技能，从酷寒冰冻的极地到炎热荒芜的沙漠，了解地球上不同地方的动植物是怎样生活的。你也可以自主开展一些活动哦。

地理小侦探准备出发啦！

栖息地是动植物生活的地方，在栖息地里，有动植物赖以生存的食物、水和住处。

我猜，这意味着我家就是我的栖息地。在这儿，有我生活所需的一切。

动植物生活在世界的每一个角落。属于它们的栖息地有些可能很大，比如海洋或草原；有些可能很小，比如一颗石头下面或一片叶子之上。

海洋是地球上最大的栖息地。蓝鲸生活在海洋中，它们在海洋中寻找食物，是人类已知的有史以来最大的动物。

地理真相

你的身体是各种微小生物的栖息地。举个例子，小小的螨虫生活在你的眼睫毛上，死皮就是它们的食物。

食物链

每个栖息地里的动植物，通过它们所吃的食物相互联系在一起。这种由生物联结起来的连锁关系叫**食物链**。在食物链里，每一种植物或动物都会被食物链上的下一个的动物吃掉。加入艾娃和乔治，和他们一起了解食物链吧！

有些动物只吃植物，它们是**食草动物**。有些动物以肉类食物为主，它们是**食肉动物**。一些动物既吃植物也吃动物，它们是**杂食动物**。

动物不能制作自己要吃的食物，它们必须找别的东西吃。

每一处栖息地都有很多条不同的食物链。植物是大多数食物链的第一环，因为植物可以利用水和阳光制作出自己的食物。

一种动物能参与到多条不同的食物链中。食物链交织在一起，组成了**食物网**。右图是一个来自非洲草原上的食物网的例子。

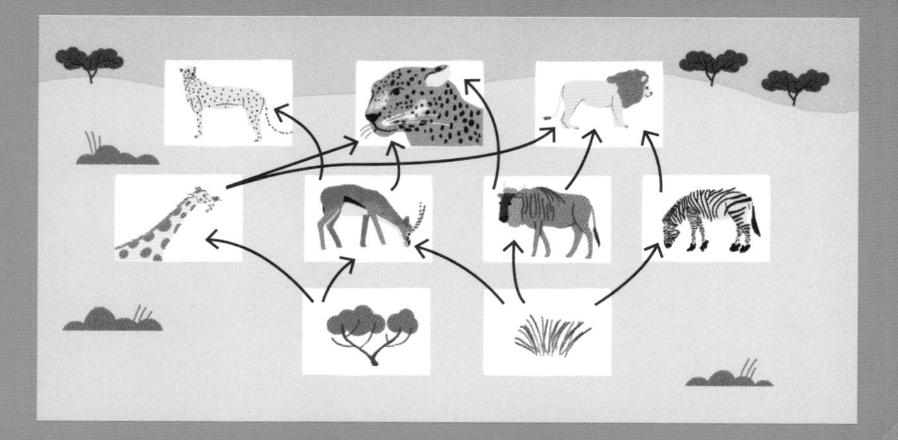

地理真相

尽管蓝鲸体形巨大，但它们主要吃一种和虾很像的小生物——磷虾。

哇！在这座森林的食物链中，松鼠从橡树上摘橡子吃。猫头鹰又会把松鼠吃掉。

你需要：

- 白卡纸（一种坚挺厚实的纸）
- 棉线
- 胶带
- 剪刀（请家里的大人一起帮忙）
- 钢笔和铅笔

移动式食物链 活动

做一条可移动的草原食物链吧。

1. 从白卡纸上剪下 5 张大约 10 厘米宽的不规则形卡片。
2. 在其中 1 张卡片的正反两面各画一只狐狸。用同样的方式，在其他卡片上画出蛇、青蛙、蚱蜢和草。
3. 剪一根大约 90 厘米长的棉线。
4. 将这些不规则形卡片粘在棉线上，每张卡片之间间隔 5 厘米，从上到下依次是：狐狸、蛇、青蛙、蚱蜢和草。
5. 把你的移动式食物链挂在门框上吧。

独特的动植物

栖息地可能很热，也可能很冷；可能很潮湿，也可能很干燥；可能很平坦，也可能遍布着岩石、冰雪或树木。动植物必须找到合适的方法，才能在自己的栖息地内生存下来。为了生存，它们可能拥有奇异的特征或独特的行为方式。在你的栖息地，你有什么可以为自己提供帮助的特点呢？

为了度过漫长寒冷的冬天，一些动物会在舒适的山洞或巢穴里睡很长时间，这就是**冬眠**。我也许可以试一试！

你需要：

- 白卡纸
- 笔
- 一位朋友
- 剪刀（请家里的大人一起帮忙）

“栖息地，咔嚓！”活动

制作卡片并玩这个游戏，它能帮助你了解动物们都住在哪里。

1. 把白卡纸剪成24张长方形卡片，每一张大约长9厘米，宽6厘米。
2. 拿出12张卡片，分别写上：章鱼、鲨鱼、虎鲸、企鹅、北极熊、北极兔、美洲虎、毒蛙、红毛猩猩、猫鼬、沙鼠和骆驼。
3. 拿出3张卡片，在每一张上都写上“雨林”。用同样的方法制作3张“海洋”卡片、3张“极地”卡片和3张“沙漠”卡片。
4. 把卡片混在一起洗一洗，然后分给两个玩家各一半。
5. 两个玩家轮流出卡片，如果后面的玩家出的卡片和前面的玩家出过的卡片分别是一种动物和它对应的栖息地，后出卡片的玩家要立刻喊“咔嚓”，并且赢得这些卡片。
6. 先出完所有卡片的玩家失败。

不同的身体特征能帮助动物在不同的栖息地生活。鸟有帮助它们飞翔的翅膀，鱼有让它们在水里游泳的鳍，猿有长长的手臂让它们在树木间荡来荡去。

一些动物想出了聪明的取暖方法。例如，生活在日本寒冷山区的猕猴，冬天时会在暖和的火山泉中洗澡。

一些动物身上的颜色或花纹，能让它们和周围的环境融为一体，这就是**保护色**。保护色能让它们免受**捕食者**的攻击，也能让它们悄悄地靠近**猎物**而不被发现。

蝈蝈是一种擅长使用保护色的昆虫。你能在下面的叶子中找到蝈蝈吗？

最小的栖息地

最小的栖息地被叫作微生境，它们是较大栖息地的一部分。树林里的木桩或河流里的岩石都可以是微生境。你周围就有很多微生境，快去家里的花园或当地的公园，和地理小侦探们一起找找微生境吧！

一根正在腐烂的木头是各种真菌和小型动物的家园。把木头轻轻翻过来，你就能看到很多小动物，比如木虱、甲壳虫和蜈蚣。

木虱喜欢生活在潮湿阴暗的地方，它们吃老化腐烂的木头。听起来可不怎么美味！

一些动物居住在很不寻常的微生境里，比如小丑鱼，它们生活在海葵有毒的触须之间，因为身上覆盖着一层黏液，所以能防止自己被海葵蜇伤。另外，海葵的触须也能阻挡捕食者，保护小丑鱼。

地理真相

在北极，覆盖着大洋的冰面下藏着一处微生境，微小的藻类植物生活在这里，它们像黏糊糊的绿棕色毛发一样垂下来。

池塘里有各种各样的微生境。植物生长在池边、水下和水面上。这些植物为许多小生物提供了食物和住处。

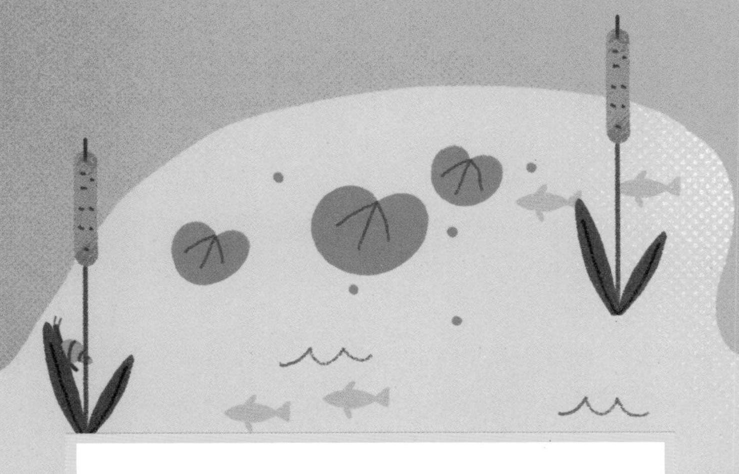

我能看到水底的蜗牛，它们紧紧地攀附在植物上，用强壮粗糙的舌头刮擦着食物。

你需要：

· 塑料瓶
· 绳子
· 细树枝、树叶、树皮、松果
· 剪刀（请家里的大人一起帮忙）

昆虫旅馆 实验

在花园里为昆虫建造一个家。

1. 找大人帮你把塑料瓶的顶部和底部剪下来，只剩下瓶身。
2. 用一根绳子穿过瓶身，把绳子两端系在一起。
3. 折一些和瓶身一样长的小树枝，然后把它们塞进瓶身里。
4. 再用树叶、树皮和松果等材料把小树枝之间的缝隙填满。
5. 把瓶身挂在花园里的树上。
6. 每隔几天检查一下，看看小昆虫们有没有在你的“昆虫旅馆”里安家。

北极和南极

北极和南极的生活非常艰苦。一年中的大部分时间，这两个地方都寒风刺骨。冰覆盖了陆地和海洋的大部分地区。极地动植物称得上是在这些恶劣环境中生存的专家。穿上暖和的衣服，和地理小侦探一起去探索冰雪极地吧。

北极和南极这么寒冷，是因为地球是一个球体，地表是有弧度的，因此太阳光无法直接照射到两极，这就使得两极的温度很低。

你需要：

- 两个大小相同的马克杯
- 热水
- 厨房铝箔纸
- 羊毛手套
- 剪刀（请家里的大人一起帮忙）

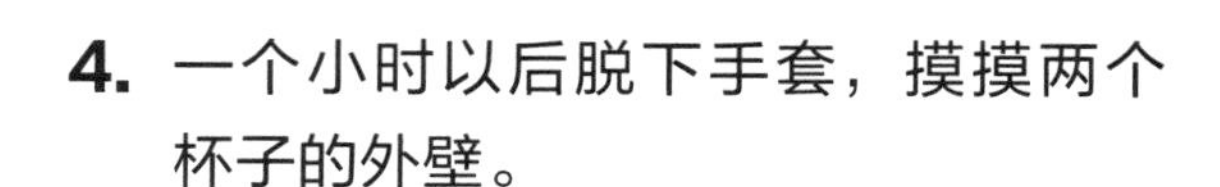

温暖的“夹克”实验

研究毛茸茸的“外衣”是怎么让极地动物保暖的。

1. 剪下两块厨房用的铝箔纸，做成马克杯的盖子。铝箔纸的大小要刚好能包裹住杯子的边缘。

2. 找家里的大人用暖壶往两个马克杯中灌满热水。

3. 请家里的大人把铝箔纸盖子分别盖在两个杯子上面，小心翼翼地给其中一个杯子套上手套。

4. 一个小时以后脱下手套，摸摸两个杯子的外壁。

套着手套的杯子比另一个杯子更热，因为手套可以防止热量散失。

深色能吸收太阳光，浅色能反射太阳光。到达两极的大量阳光，被浅色的冰层反射回高空，这就让两极地表更冷啦。

地面上白色的冰雪能把阳光反射回去！
企鹅爸爸们挤在一起取暖，它们轮流换到中间的位置，那里是最暖和的地方。

在南极的冬天，雌性帝企鹅产卵后，会游到海里寻找食物。雄企鹅会把卵放在脚上毛茸茸的绒毛里，等待它孵化。企鹅有防水的羽毛和可以保暖的脂肪。

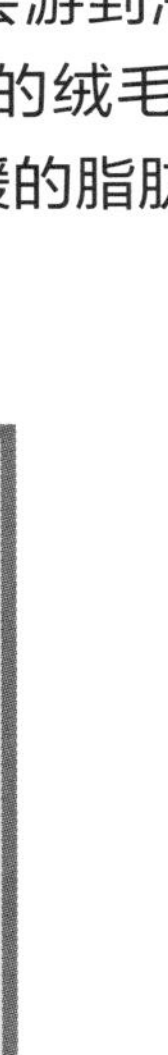

北极

南极

这张图展示了北极和南极。北极位于北冰洋地区。北冰洋是一片冰冻的大洋。南极位于南极洲，南极洲是一块巨大的陆地，上面覆盖着厚厚的冰层。

地理真相

两极周围的海水像冰一样冷。这里的鱼类，如南极冰鱼，血液中有防冻剂，可以防止身体结冰。

沙漠

提到沙漠，你可能会想象出一个非常炎热、有很多沙子的地方——但不是所有沙漠都这样。因为降水很少，沙漠非常干燥，它们有的可能很热，有的可能很冷。大多数炎热的沙漠都在**赤道**附近。白天的气温可以达到60摄氏度，但晚上可能又变冷了。艾娃和乔治正在徒步穿越沙漠，让我们加入他们吧！

在沙子很多的沙漠，比如撒哈拉大沙漠，狂风呼啸着穿过沙地，形成了巨大的沙丘。最大的沙丘大约200米高，相当于60层楼的高度！

沙丘有时会移动，
把一切都埋起来，
包括整座村庄……
还有地理小侦探！

你需要：

· 干燥的沙子
· 一个托盘
· 吸管

变化的沙丘 实验

看看风是怎么让沙漠里的**沙丘**缓缓移动的。

1. 把干沙子均匀地铺在托盘上。
2. 把一些沙子压成沙丘的形状。
3. 用吸管轻轻向沙丘吹气。（风要掠过沙子，不要对着沙子向下吹。）
4. 把吸管从一边移到另一边，把沙子吹过整个沙丘。

你能观察到风是怎样把沙子向上吹，慢慢越过沙丘的吗？

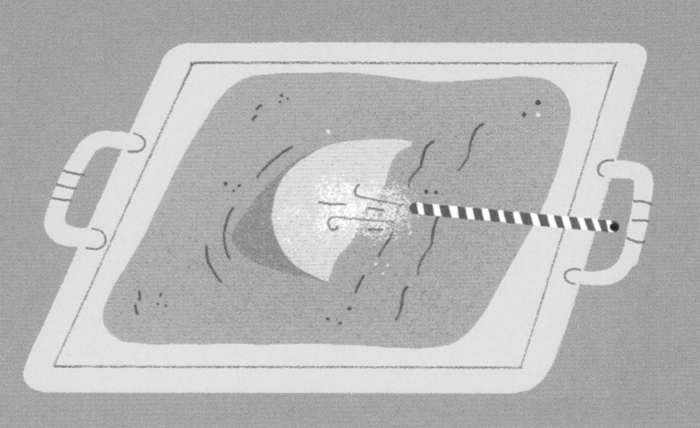

呼，穿越沙漠真让人口渴！许多生活在沙漠里的动物不需要经常喝水，它们可以从食物中获得水分。

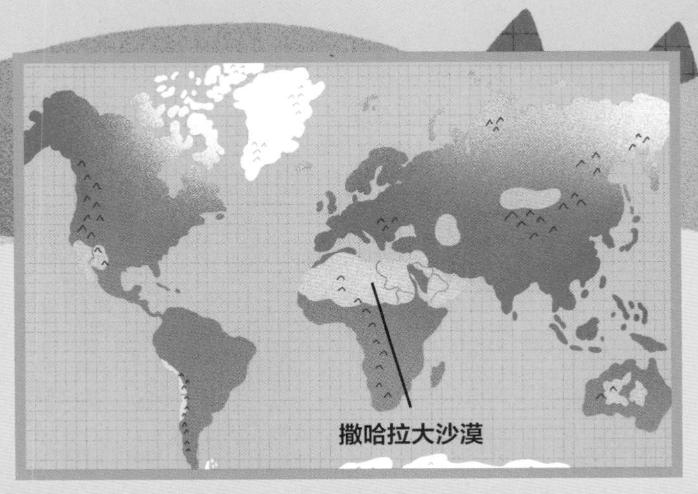

这张地图展示了世界上最主要的几个沙漠。北非的撒哈拉大沙漠是世界上最大的热沙漠，它的面积和美国的国土面积几乎一样大。

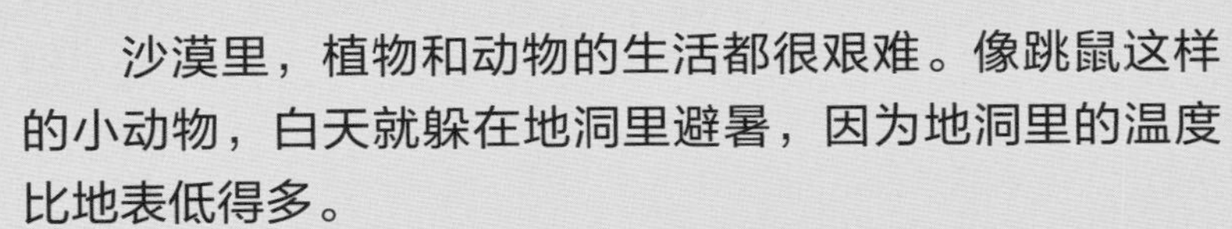

沙漠里，植物和动物的生活都很艰难。像跳鼠这样的小动物，白天就躲在地洞里避暑，因为地洞里的温度比地表低得多。

仙人掌这类沙漠植物，将水分储存在粗壮的茎干中。它们没有叶子，却有锋利的刺，所以动物不会咬它们。有些仙人掌能长得像10个大人叠罗汉那么高！

热带雨林

热带雨林是生长在赤道周围的热带森林，终年炎热潮湿，这让它们成为数百万种动植物理想的栖息地。事实上，热带雨林中居住着地球上超过半数的物种。跟上艾娃和乔治，一起探索这片神奇的栖息地吧。你能发现哪些生物呢？

1）露生层——森林中最高的树。它们能长到60米，甚至更高。

2）林冠层——地面上方大约40米的一层繁茂的阔叶树冠。

雨林分为 4 层，大多数动物住在林冠层，这里有大量供它们吃的食物。

3）下木层——藤本植物和匍匐植物覆盖的小型树木和**幼树**。

4）林地表层——潮湿昏暗，蕨类植物、苔藓、真菌和枯叶混杂在一起。

地理真相

人们在热带雨林的一棵树上发现了700种甲壳虫，真是不可思议！

雨林罐子 实验

你需要：
- 带盖的大罐子
- 土
- 砾石
- 苔藓
- 小型室内植物
- 喷水壶

在罐子里制造你自己的微型雨林吧。

1. 在罐子里放一层大约 2 厘米厚的砾石。
2. 再加一层大约 5 厘米厚的土。
3. 在土上挖洞，小心地把植物的根插进去，再把根系周围的土压实。
4. 在土上盖一层苔藓。
5. 在苔藓上喷些水润湿。
6. 把盖子盖上，把罐子放在窗台上，让它被阳光照射到。

观察罐子内壁上的水珠是怎么形成、又是怎么流回土里的，就像雨林中的雨一样。

热带雨林有时是一个危险的地方。毒箭蛙身上鲜艳的颜色正在警告敌人，它的皮肤里含有致命的毒素。

这张地图展示了世界上几个主要的热带雨林。最大的热带雨林在南美洲亚马孙河的沿岸。

亚马孙雨林的面积几乎和澳大利亚的国土面积一样大！

高山

当你爬山时，爬得越高会感觉越冷，这是因为高山的顶部常常覆盖着积雪。山上风很大，空气很稀薄，所以呼吸需要的氧气也很少。山地动物需要很强壮才能适应那里的环境。和地理小侦探一起走进山区，了解更多有关这片栖息地的信息吧！

哇，我在这里要喘不上来气了。还好牦牛的心和肺都很大，能比我吸入更多的空气。

牦牛能爬到 6000 米以上的高地寻找食物。为了保暖，它们又长又密且蓬松的粗毛，从身上一直垂到地上，在这层粗毛底下，还有厚厚的绒毛。

小小的高山雪铃花长着深红色的茎。深红色的茎吸收了阳光，融化了它周围的雪，这使它的叶子和紫色的花朵能够生长。

地理真相

黄腹土拨鼠生活在北美山区。为了在寒冷的栖息地生存，一年中长达200天的时间里，它都在洞穴中冬眠。

巨大的冰川沿着一些高山的山坡，缓缓向下流动。冰川像一条由冰组成的河流。

这张地图展示了地球上几个主要的山脉。亚洲的珠穆朗玛峰是陆地上最高的山，海拔8848.86米。它是喜马拉雅山的一部分，喜马拉雅山是世界上最高的山脉。

你需要：

· 几张卡片
· 包装泡沫膜
· 剪刀（请家里的大人一起帮忙）
· 胶水
· 彩色钢笔或铅笔

多层山脉住宅 实验

做一个高山栖息地模型吧。

1. 在卡片上画 4 个相同的三角形，每个大约 20 厘米高，并把它们剪下来。
2. 在第一个三角形的顶部画上满是积雪的山峰。
3. 把第二个三角形顶部的 5 厘米剪掉，在剩下的梯形顶部画上岩石和小型植物。
4. 把第三个三角形从中间拦腰剪开，留下梯形，在上半部分画上树木，注意把树叶画成针形的。
5. 剪掉第四个三角形顶部的大部分，只留下大约高 5 厘米的梯形，画上带有大叶子的树木。
6. 把第二张卡片放在第一张上面，底部对齐，依次放上第三张和第四张，并粘在一起，每两张卡片之间垫一层泡沫膜。

当你上山时，天气会随高度的变化而变化，这塑造了不同的栖息地，从底部的森林到山顶附近冰冷的岩石区。你的模型能展示出不同的栖息地。你觉得每一层可能生活着哪些动物呢？

超级大洋

咸水覆盖了地球面积的大约三分之二，分布在五个大洋*——太平洋、大西洋、印度洋、南大洋和北冰洋。大量植物和动物生活在海洋中。和艾娃、乔治一起潜入深海，探索这些海洋栖息地吧。

* 2000 年，国际海道测量组织将太平洋、大西洋、印度洋南端汇合而成的海域（大致位于南纬 60 度以南）确定为“南大洋”。我国未采用该地理名词，仍作四大洋，不将“南大洋”认定为独立的大洋。——译者注

这张地图展示了地球上的五大洋。其中，太平洋最大，覆盖了地表面积的大约三分之一。在最宽的地方，它几乎环绕了世界的一半。

这条鹦鹉鱼正在打盹。它在自己周围吹起一个果冻一样的睡袋，以保护自己不被饥饿的敌人伤害。祝你好梦！

热带珊瑚礁生长在温暖的浅海中，它们由数百万只小型海洋动物的骨骼组成。珊瑚礁之间生活着成千上万只鲨鱼、小鱼、海龟和其他生物。

你需要：

- 一个大塑料瓶
- 一张 A4 纸
- 卡片
- 棉线
- 吸管
- 彩色钢笔或铅笔
- 剪刀（请家里的大人一起帮忙）
- 胶带

海洋分层 实验

用瓶子做一个海洋模型，展示海洋里的不同区域。

1. 请大人帮你剪掉瓶子的顶部。
2. 把纸分成上中下三个区域，从上到下依次涂上浅蓝色、深蓝色和黑色。
3. 把纸粘在瓶子一侧，有颜色的一面朝向瓶子的里面。
4. 调查海洋中的不同区域（透光带、微光带和无光带）生活着哪些动物。
5. 每个区域选择 2 只动物画到卡片上，涂上颜色，再把它们剪下来。
6. 在瓶子顶部贴一根吸管，让吸管横穿过瓶口。
7. 用线把动物们挂在吸管上。要把它们挂在适合它们生存的区域。

很多深海鱼类能自己制造光源。鮟鱇鱼的头上有一盏小灯，小鱼常常把灯当成食物，径直游向它，这样一来小鱼就直接游进了鮟鱇鱼的嘴巴里。

海洋深处又黑又冷，阳光照不到这么深的地方。

大草原

世界上的一些地方因为太干燥而没有森林，却又比沙漠潮湿很多，这些地方就是草原。草原有旱季和雨季。只有少数几种树木适合生长在草原上，不过草原上有很多种草。和地理小侦探一起探索草原栖息地吧。

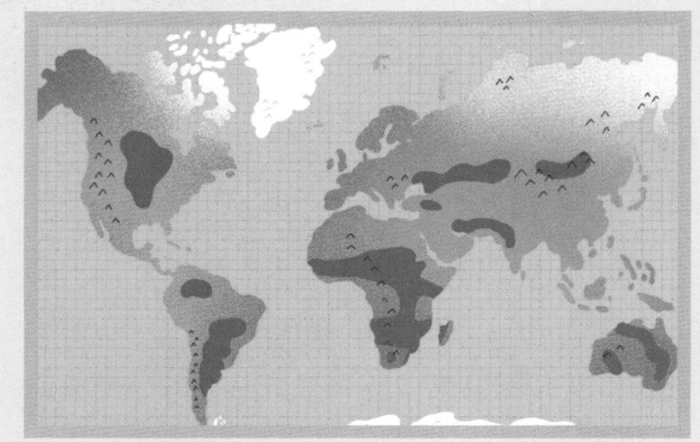

这张地图展示了地球上几个主要的草原。世界上不同地区的草原有不同的名字——稀树草原（非洲）、潘帕斯草原（南美洲）、干草原（欧洲和亚洲）和北美草原（北美洲）。

你需要：

· 白卡纸
· 一张纸牌
· 笔
· 一两个朋友

吃或者被吃 活动

准备并开始一场草原食物网王牌游戏。

1. 把纸牌放在卡纸上，描出纸牌的轮廓。
2. 剪下卡纸上画出来的形状，照这个方法一共制作 20 张牌。
3. 拿 2 张牌，每张都写上“狮子”，用同样的方法制作“猎豹”牌、“长颈鹿”牌、“白蚁”牌，每种牌各 2 张。
4. 拿 3 张牌，每张都写上“瞪羚”，用同样的方法制作“斑马”牌、“树”牌、“草”牌，每种牌各 3 张。
5. 洗牌并发给每位玩家 5 张牌。
6. 游戏开始，第一位玩家可以出任何牌。
7. 下一位玩家出的牌，上面写的动物一定要能吃掉上一位玩家出的牌上的动物或植物。例如，如果前面的玩家出的牌是“斑马”，下一位玩家必须出“狮子”。
8. 如果玩家出不了牌，就必须出“草”或“树”，或者从没有发的牌堆中摸一张牌。
9. 如果摸完了牌，可以把已经出的牌翻过来，再从里面摸牌。

成千上万的草原动物以吃草为生。它们吃植物的不同部分，这很好地阻止了它们为争夺食物而战。在非洲，斑马吃植物的顶端，角马吃茎，瞪羚则吃多汁的嫩芽。

地理真相

草原上有很多动物的粪便！屎壳郎把粪便滚成球后埋在地下，作为自己和幼虫的食物。

斑马、角马和瞪羚吃草，狮子和土狼吃它们。

白蚁很小，但它们能用唾液和泥建造巨大的巢穴。一个蚁穴能达到 6 米之高，容纳数百万只这种小昆虫在里面生活。

10. 第一个出掉所有牌的人获胜。

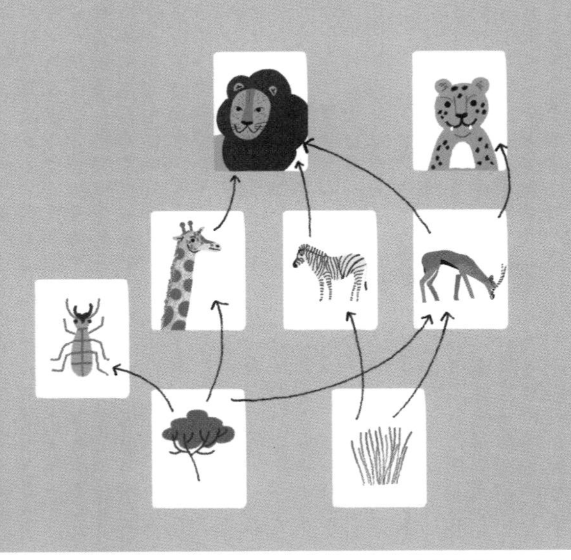

看，这只大食蚁兽饿极了！

食蚁兽来自南美洲。它们用强壮的前爪打开白蚁的巢穴，然后用又长又黏的舌头把白蚁舔出来吃掉。

河流和湖泊

地理小侦探正忙着探索河流和湖泊。河流和大多数湖泊中的水是淡水，和海洋里的咸水不一样。河流和湖泊是植物、动物和人类富足的栖息地。

这些巨大的睡莲叶子靠着藏在水面下的气泡漂浮在水面上。它们强壮得能承受一个成年人的重量。
当雨水或河水填满地面上凹陷的地方或者洼地时，湖泊就形成了。

火烈鸟生活在湖边，长长的双腿让它们能在浅水区涉水漫步。身上的粉色是由于它们吃了粉色的微型藻类和小虾。

许多河流的起点都是山间小溪。当溪流顺着山坡向下流淌时，与其他溪流汇合，形成了一条河流。河流一开始流得非常快，到达平坦的陆地时，会逐渐慢下来。在旅程的终点，它会流进大海。

你需要：

- 小塑料盒
- 渔网
- 放大镜

去钓鱼 活动

去池塘边调查生活在池塘或溪流栖息地的动物。一定要和大人一起去，不要自己去。

1. 让大人帮忙往塑料盒子里盛一半池塘里的水。
2. 跪在池塘边（注意安全）。
3. 把渔网放在水中，用画“8”字的方式缓慢移动渔网。不要碰到池塘底部的污泥。
4. 小心地把渔网里面的东西倒进盒子里。
5. 用放大镜往盒子里面看，看看你抓到了什么。
6. 把盒子里的水倒回池塘，把抓到的东西也放回去。

这张照片展示的是尼罗河。尼罗河在非洲，长 6671 千米，是世界上最长的河流。

濒危的栖息地

世界各地的栖息地都面临着危机。由于出现了**污染物**，有的栖息地被摧毁。人类需要耕地，需要建造房屋和道路的土地，有的栖息地因此消失。当动植物失去了它们的栖息地，它们就会失去家园和充足的食物。很多动物在适应一个栖息地的环境之后，往往不能适应在其他地方生活。

许多东西都含有棕榈油，
包括比萨、巧克力、
牙膏和洗发水。

每天，地球上都有成片的雨林在遭受破坏。在加里曼丹岛和苏门答腊岛，人们为了种植棕榈树，砍伐了大片森林，这让猩猩们无家可归。

当野生栖息地被破坏之后，一些动物搬到了城市。比如狐狸在城市的垃圾箱里寻找食物，鹳把巢从树上搬到了城市的烟囱上。

人们每年向海洋倾倒数百万吨塑料，这对海洋动物造成了伤害，比如海龟。许多海洋动物会把塑料袋看成水母，误食塑料袋之后死亡。

地理真相

地球上每秒钟就有一片足球场大小的雨林被砍伐。这意味着每年被破坏的雨林面积有意大利的国土面积那么大。

看到警示 活动

你能从“谷歌地球”上看到一些濒危的栖息地。

1. 请家里的大人帮你安装并启动“谷歌地球”应用程序。
2. 缩小页面，你可以看到整个地球。
3. 用“谷歌地球”的搜索框寻找亚马孙雨林中的朗多尼亚小镇，颜色较轻浅的地区是亚马孙雨林被开垦成耕地的地方。
4. 触摸页面上的“+”符号，放大地图。在深色区域你会看到雨林中的树木，在浅色区域你会看到田野和房屋。

住在这里的人们砍伐森林，腾出地方来种庄稼，带给森林动物很大的威胁。

地理小侦探测试

现在来帮艾娃和乔治回答这些地理小侦探问题吧。在探索神奇的栖息地的过程中，你学到了什么呢？

1. 只吃植物的动物叫什么？
2. 吃植物和其他动物的动物叫什么？
3. 冬眠是什么？
4. 一个非常小的栖息地叫什么？

5. 企鹅住在北极还是南极？
6. 世界上最大的热沙漠在哪儿？
7. 仙人掌把水分储存在哪里？
8. 雨林树木最高的一层叫什么？

9. 山上的牦牛怎么保暖？
10. 你能说出五大洋的名称吗？
11. 世界上最长的河流是什么？
12. 每年被破坏的雨林面积有多大？

答案

1. 食草动物。2. 杂食动物。3. 一个动物在冬天沉入深深的睡梦中。4. 微生境。5. 南极。6. 北非（撒哈拉大沙漠）。7. 在它们粗壮的茎中。8. 露生层。9. 它们包裹着长长的厚实的绒毛。10. 太平洋、大西洋、印度洋、南大洋和北冰洋。11. 尼罗河。12. 和意大利的国土面积一样大。

词汇表

保护色　让动物和栖息地融为一体的颜色和花纹。

捕食者　捕杀其他动物作为食物的动物。

赤道　在地球中间环绕一圈的虚拟的线。

冬眠　动物在冬天陷入沉睡。

防冻剂　防止液体结冰的化学物质。

粪便　动物的大便。

猎物　被其他动物捕杀作为食物的动物。

螨虫　与蜘蛛相近的体形微小的动物。

栖息地　动植物生活的地方。

沙丘　沙漠上被风吹出来的大型沙堆。

食草动物　只吃植物的动物。

食肉动物　以肉类食物为主的动物。

食物链　栖息地里的动植物，通过它们吃的食物相互联系在一起。

食物网　不同的食物链交织在一起。

微生境　最小的一种栖息地。

污染物　一些伤害或破坏栖息地的东西，比如垃圾或泄漏的石油。

幼树　还没有长大的树。

杂食动物　既吃植物，又吃其他动物的动物。

作者的话

小朋友，你好!

我们希望你喜欢与“地理小侦探”一起的探索旅程！这本书里有很多关于栖息地的知识，你都学会了吗？里面的实验和活动你都尝试了吗？

我们已经写了很多有关这个世界的不同主题的书，从怪物卡车到太阳系，应有尽有，但我们居住的地球一直是我们最喜欢的话题。我们喜欢户外运动，喜欢观察大自然，喜欢到处旅行，这能让我们看到生活在地球上不同地方的动植物。那么哪种栖息地是你最想去参观的呢？

在我们的旅途中，我们参观了一些令人惊叹的栖息地，包括沙漠、草原和珊瑚礁。在非洲草原上追逐动物更是一种奇妙的经历，在那里，你能近距离看到野生长颈鹿、大象和斑马，这神奇的旅途会让你意识到我们的星球和这里的野生动物是多么不同寻常。

阿妮塔·盖恩瑞和克里斯·奥克雷德

致教师和家长

通过更多活动和讨论，你可以在课堂上或家里进一步学习。

亚马孙雨林是一个面临着危机的栖息地。孩子们能找出亚马孙雨林覆盖了哪些国家吗？和孩子们一起讨论一下，到底发生了什么，才会让亚马孙雨林面临危机。

孩子们认为北极熊生活在哪个栖息地？向孩子们解释人类活动引发的全球变暖会威胁极地动物的栖息地。与孩子们一起研究一下，我们能做些什么来保护极地栖息地。

微生境就在我们身边。透过窗户，孩子们可以看到哪些微生境？他们认为那里生活着哪些植物和动物？如果可以的话，和孩子们一起参观并探索一些当地的微生境——就像艾娃和乔治一样！

草原是很多动植物的栖息地。孩子们能找出哪些生活在草原上的动物？动植物是怎样适应草原气候的？

对动植物来说，沙漠是地球上最富挑战性的栖息地之一。孩子们能找出哪些生活在沙漠里的动植物？它们是怎样适应那里的极端气候的？

河流通常发源于高山间的小溪流。随着河流流向大海或湖泊，栖息地也在不断发生变化，里面的动植物也在发生变化。孩子们能找出哪些生活在河流沿岸的动植物？为什么随着河流沿山坡向下流入大海或湖泊时，动植物会发生变化？

我们的超级大洋是很神奇的地方。科学家们至今还在那里发现新的动植物！地球上50% 到 80% 的生命都生活在海洋中。孩子们有机会了解到最近发现的新物种吗？

著作权合同登记号 图字：13－2023－075 号

图书在版编目（CIP）数据

地理小侦探 /（英）阿妮塔·盖恩瑞
(Anita Ganeri)，（英）克里斯·奥克雷德
(Chris Oxlade) 著；（智）保·摩根 (Pau Morgan) 绘；
电鱼豆豆译．-- 福州：海峡书局，2023.10

书名原文：Geo Detectives: The Water Cycle, Volcanos and Earthquakes, Amazing Habitats, Wild Weather

ISBN 978-7-5567-1147-5

Ⅰ．①地… Ⅱ．①阿… ②克… ③保… ④电… Ⅲ．①自然地理—儿童读物 Ⅳ．① P9-49

中国国家版本馆 CIP 数据核字 (2023) 第 171545 号

GEO DETECTIVES
AMAZING HABITATS

Authors: Anita Ganeri and Chris Oxlade
Illustrator: Pau Morgan

地理小侦探：神奇的栖息地

DILI XIAO ZHENTAN: SHENQI DE QIXIDI

作　　者　［英］阿妮塔·盖恩瑞　［英］克里斯·奥克雷德
译　　者　电鱼豆豆
绘　　者　［智］保·摩根
出 版 人　林　彬
出版统筹　吴兴元
编辑统筹　冉华蓉
责任编辑　廖飞琴　魏　芳
特约编辑　朱晓婷
装帧制造　墨白空间·唐志永
营销推广　ONEBOOK

出版发行　海峡书局
社　　址　福州市白马中路 15 号
　　　　　海峡出版发行集团 2 楼
邮　　编　350004

印　　刷　北京利丰雅高长城印刷有限公司
开　　本　889 mm × 1120 mm　1/16
印　　张　8
字　　数　160 千字
版　　次　2023 年 10 月第 1 版
印　　次　2023 年 10 月第 1 次印刷
书　　号　ISBN 978-7-5567-1147-5
定　　价　108.00 元（全四册）

官方微博　@ 浪花朵朵童书
读者服务　reader@hinabook.com 188-1142-1266
投稿服务　onebook@hinabook.com 133-6631-2326
直销服务　buy@hinabook.com 133-6657-3072